ZOUJIN AOMI

令孩子着迷的

走进奥秘世界

LING HAIZI ZHAOMI DE
ZHIWU
AOMI CHUANQI

植物奥秘传奇

主编 雨田

辽宁美术出版社

前言
PREFACE

　　没有平铺直叙的语言，也没有艰涩难懂的讲解，这里却有你不可不读的知识，有你最想知道的答案，这里就是《走进奥秘世界》。

　　这个世界太丰富，充满了太多奥秘。每一天我们都会为自己的一个小小发现而惊喜，而《走进奥秘世界》是你观察世界、探索发现奥秘的放大镜。本套丛书涵盖知识范围广，讲述的都是当下孩子们最感兴趣的知识，既有现代最尖端的科技，又有源远流

长的古老文明；既有驾驶海盗船四处抢夺的海盗，又有开着飞碟频频光临地球的外星人……这里还有许多人类未解之谜、惊人的末世预言等待你去解开、验证。

《走进奥秘世界》系列丛书以综合式的编辑理念，超海量视觉信息的运用，作为孩子成长路上的良师益友，将成功引导孩子在轻松愉悦的氛围内学习知识，得到切实提高。

编　者

目录
CONTENTS

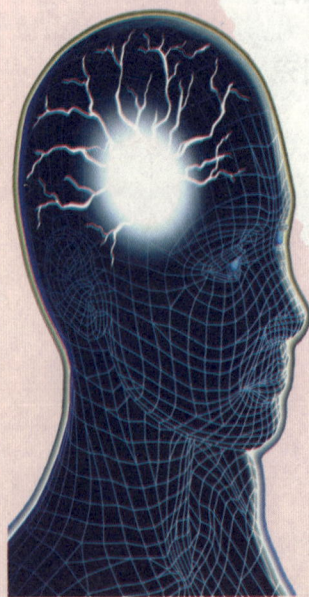

走进奥秘世界
ZOUJIN AOMI SHIJIE

令孩子着迷的
植物奥秘传奇
LING HAIZI ZHAOMI DE
ZHIWU AOMI CHUANQI

目录

CONTENTS

神奇的植物

　　从炎热多雨的热带雨林到万里冰封的极地苔原，到处都有绿色植物的身影。它们每天进行着光合作用，为人和动物提供充足的食物和氧气。植物的神奇令我们叹为观止！

▲ 绿叶是植物进行光合作用的主体。

氧气制造机——光合作用

绿色植物就好像地球上的一个制造氧气的"工厂",进行光合作用,产生我们赖以生存的氧气。

所谓的光合作用,就是绿色植物利用体内大量的叶绿素a、b,吸收光能,把二氧化碳和水转化成储存着能量的有机物,并且释放出大量氧气的过程。

植物光合作用对于人类和整个生物界具有非同寻常的意义。光合作用能够为我们提供能源，我们日常生活最常见的煤炭、石油、天然气等燃料中所含有的能量，都是古代的绿色植物通过光合作用储存起来的。光合作用的另一个功能则是调节大气中氧气和二氧化碳的浓度，使大气成分相对稳定。

▲ 植物的光合作用。

地位
光合作用在植物的生长过程中起着举足轻重的作用。

"痛苦"的黄连素

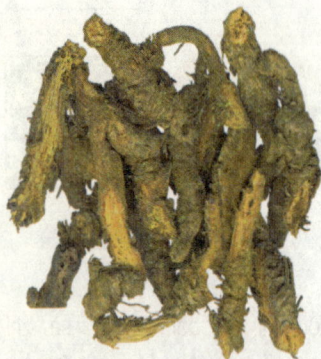

▲ 黄连的药用部分。

shén qí de huáng lián sù bú dàn kě yǐ
神奇的黄连素,不但可以
jiě chú rén men de bìng tòng hái zài kǒu zhōng liú
解除人们的病痛,还在口中留
xià le tòng kǔ
下了"痛苦"!

chī guo huáng lián de rén kǒng pà dōu huì
吃过黄连的人,恐怕都会
duì nà zhǒng tòng kǔ jì yì yóu xīn zhèng
对那种"痛苦"记忆犹新。正
suǒ wèi liáng yào kǔ kǒu lì yú bìng zhōng yán nì ěr lì yú xíng shén qí
所谓"良药苦口利于病,忠言逆耳利于行"。神奇
de huáng lián dāng zhī wú kuì de chéng
的黄连,当之无愧地成
wéi le kǔ kǒu liáng yào de dài biǎo
为了"苦口良药"的代表。

huáng lián zhǔ chǎn zì wǒ guó de sì
黄连主产自我国的四
chuān hú běi děng zhōng xī bù dì qū hé
川、湖北等中西部地区和
dōng bù dì qū qí zhōng sì chuān de
东部地区。其中四川的

huáng lián zāi péi miàn jǐ zuì dà　qí yuē zhàn quán
黄连栽培面积最大，其约占全

guó zǒng chǎn liàng de　　　　ér qiě xiāo
国总产量的70%～80%，而且销

wǎng quán guó gè dì　bìng yǒu chū kǒu　huáng lián
往全国各地，并有出口。黄连

xiàn zài shì guó jiā bǎo hù zhí wù　huáng lián shǔ yú
现在是国家保护植物。黄连属于

duō nián shēng cháng lǜ cǎo běn　gāo yuē
多年生常绿草本，高约15～25

lí mǐ　qí gēn jīng mái yú dì xià　shàng yǒu fēn
厘米，其根茎埋于地下，上有分

zhī cháng ér fēn jié　xíng sì yí chuàn chuàn lián
枝，长而分节，形似一串串连

zhū yīn cǐ dé míng huáng lián
珠，因此得名黄连。

味道

黄连虽小，苦味却大。

药用价值

黄连是一种性价比较高的中药，对许多疾病都有着神奇的治疗效果。

功能主治？

　　黄连有清热燥湿，泻火解毒的功效。黄连可用于治疗湿热内蕴、肠胃湿热、呕吐吞酸、泻痢、黄疸等病症，还对温病高热、目赤、口渴烦躁、血热妄行以及热毒疮痛等有一定疗效。但黄连属大苦大寒药物，长时间服用易伤脾胃。

原生植物

黄连的叶片呈三角形，中央裂片为菱形，边缘有锯齿。

神奇的猴面包树

xiāng chuán　dāng nián gè zhǒng zhí wù zài fēi zhōu　ān jiā luò hù　shí
相 传，当 年 各 种 植 物 在 非 洲"安 家 落 户"时，

yǒu yì zhǒng shù yīn bú yuàn yì tīng cóng　shàng dì　de ān pái　zì jǐ xuǎn zé
有 一 种 树 因 不 愿 意 听 从"上 帝"的 安 排，自 己 选 择

shēng zhǎng zài rè dài cǎo yuán zhōng　fèn nù de　shàng dì　biàn bǎ tā lián gēn
生 长 在 热 带 草 原 中，愤 怒 的"上 帝"便 把 它 连 根

bá le qǐ lái　cóng cǐ tā jiù biàn chéng le yì zhǒng qí tè de　dào zāi
拔 了 起 来，从 此 它 就 变 成 了 一 种 奇 特 的"倒 栽

外形

猴面包树的树干不高，但很粗壮，树权千奇百怪，酷似树根。

shù zhě jiù shì yǒu zhe dà pàng zi shù shù zhōng zhī xiàng zhī chēng de
树"。这就是有着"大胖子树"、"树中之象"之称的

hóu miàn bāo shù yīn qí guǒ shí shì hóu zi de zuì ài ér dé míng
猴面包树，因其果实是猴子的最爱而得名。

hóu miàn bāo shù kě chōng fèn lì yòng fēi zhōu rè dài cǎo yuán qì hòu de
猴面包树可充分利用非洲热带草原气候的

yǔ jì jiàng shuǐ pīn mìng de xī shōu shuǐ fèn bìng bǎ shuǐ fèn zhù cáng zài féi dà
雨季降水，拼命地吸收水分，并把水分贮藏在肥大

de shù gàn li yīn cǐ tā yòu shì zài shā mò zhī zhōng gān kě ér shēng mìng
的树干里。因此，它又是在沙漠之中干渴而生命

chuí wēi de lǚ xíng zhě de shēng mìng zhī shù
垂危的旅行者的"生命之树"。

果实

猴面包树很奇特，它是雌雄同株植物，所结的面包果不仅富含淀粉，而且像水果一样富含维生素，更让人不可思议的是，猴面包树的果实居然像鸡蛋一样含有蛋白质和像肉一样含有脂肪。它的果实除食用外还可入药，有清热消肿、镇静安神等功效。

hóu miàn bāo shù hún shēn dōu shì bǎo　　chú le　 yè
猴面包树浑身都是宝，除了叶

zi kě yǐ shí yòng wài　 tā de shù pí shì zhì zuò shéng
子可以食用外，它的树皮是制作绳

zi hé yuè qì xián de shàng hǎo cái liào　 zuì zhòng yào
子和乐器弦的上好材料。最重要

de shì　 hóu miàn bāo shù dòng li　 jù yǒu bīng xiāng zhì
的是，猴面包树洞里具有冰箱制

lěng yí yàng de xiào guǒ　 shí wù cún yú qí zhōng　 kě
冷一样的效果，食物存于其中，可

yǐ cháng shí jiān bù fǔ làn　 biàn zhì　 zhè shì duō me
以长时间不腐烂、变质。这是多么

shén qí a
神奇啊！

14

真金不怕火炼的"英雄树"

野火烧不尽，春风吹又生。有一种树，它们虽经大火洗礼，却可以重新"焕发青春"。

一场大火吞噬了整片森林，只有落叶松"劫后独生"。为什么落叶松不怕火烧呢？这是因为，大火很难烧透落叶松树干外层厚厚的树皮。落叶松的树皮中几乎不含树脂，不易燃烧，大火很难破坏

到里面的组织。而且，落叶松的自愈能力十分强大，满身伤痕的它，可以分泌一种棕色透明的树脂，防御真菌、病毒及害虫的入侵。

落叶松的木材重而坚实，抗压及抗弯曲的强度大，而且耐腐朽，木材工艺价值高，是电杆、枕木、桥梁、矿柱、车辆、建筑等的优良用材。同时，由于落叶松树势高大挺拔，冠形美观，又是一个优良的园林绿化树种。

▲ 别样美丽的松花。

了解了"英雄"背后的故事，对待随时可能袭来的森林大火，我们就有了新的绿化手段。事实上，植物的这种自我保护能力，正在被我们逐渐认识，并加以利用。

名字由来

松树，因其树冠蓬松而得名。

神奇的植物"数学家"

ZOUJIN AOMI SHIJIE

在自然界中，神奇无处不在。一棵植物，很可能就是一位出色的数学家。

车前草是一种常见而又不起眼儿的小草，但它却是一位了不起的"几何学家"，它的叶子是按照黄金角的度数排列的，这样既不会重叠在一起、影响美观，又能够最大限度地获得充足的阳光，使植物光合作用更好地进行。

▼ 夜幕降临时的云杉林。

向日葵也是一位了不起的"几何学家"。向日葵只有选择了发散角等于

习性	向日葵	用途
云杉耐荫、耐寒，适宜在凉爽湿润的气候条件中生长。	向日葵种子的排列方式，是一种典型的数学模式。	云杉可做观赏树种，或做草坪衬景，还可做圣诞树。

黄金角的数学模式，花盘上种子的分布才最合理，产量也最高。

一种生长在非洲干旱地区的仙人掌，因为掌握了物体在体积相同的情况下，球形的表面积最小的数学原理，有效地减少了水分的蒸发。

"笛卡尔叶线"

"笛卡尔叶线"是法国著名数学家笛卡尔研究发现的一簇花瓣和叶形的曲线特征：花瓣对称排列在花托边缘，整个花朵几乎完美地呈现出辐射对称形状，叶子沿着植物茎干相互叠起……这一切向我们展示了许多数学模式。

shēng zhǎng zài gāo shān shang de yún shān
生 长 在 高 山 上 的 云 杉，

shù gàn chéng yuán zhuī xíng shì zuì néng jīng shòu
树 干 呈 圆 锥 形 是 最 能 经 受

kuáng fēng chuī dǎ de   rén men lì yòng zhè zhǒng
狂 风 吹 打 的。人 们 利 用 这 种

yún shān yuán lǐ   shè jì de diàn shì tǎ   jīng
"云 杉 原 理"设 计 的 电 视 塔，经

shòu zhù le fēng sù   mǐ   miǎo de qiáng fēng
受 住 了 风 速 80 米 / 秒 的 强 风

de kǎo yàn
的 考 验。

▲ 球状的仙人掌。

夏日，走进鲜花盛开的田园，一阵阵清香袭来，沁人心脾，令人陶醉。这些香气源于何处？为什么花香各异，浓淡不同呢？

原来，有些花的花器官中含有油细胞，这些油细胞含有大量挥发性芳香油；而另一些花卉，其花器官中没有油细胞，而含有一种配糖体，这种配

▲ 宜人的花香，使人们为之陶醉。

^{táng tǐ bèi fēn jiě shí yě néng sàn fā chū xiāng qì}
糖体被分解时也能散发出香气。

^{huā xiāng jù yǒu fēi cháng zhòng yào de huán jìng bǎo hù gōng néng huā huì}
花香具有非常重要的环境保护功能。花卉

^{bù jǐn měi huà le huán jìng qí xiāng qì hái shi kōng qì jìng huà jì kě yǐ yòng}
不仅美化了环境，其香气还是空气净化剂，可以用

^{lái shā jūn qū wén bì chóng děng}
来杀菌、驱蚊避虫等。

^{huā xiāng hái jù yǒu qí tè de yī liáo zuò yòng kě yǐ shū huǎn jǐn zhāng}
花香还具有奇特的医疗作用，可以舒缓紧张

^{qíng xù yǒu zhù yú xiāo chú pí láo zēng jìn shēn xīn jiàn kāng huò zhě qǐ dào}
情绪，有助于消除疲劳，增进身心健康，或者起到

zhèn jìng ān mián de zuò yòng

镇静、安眠的作用。

huā duǒ zì shēn de jīng jì jià zhí yě bù

花朵自身的经济价值也不

róng hū shì tā shì shí pǐn rì yòng huà

容忽视，它是食品、日用化

gōng yī yào děng gōng yè bù kě quē shǎo de

工、医药等工业不可缺少的

yuán cái liào lì rú wǒ men cháng hē de mò lì huā chá cháng chī de guì huā

原材料。例如，我们常喝的茉莉花茶、常吃的桂花

niú pí táng děng dōu shì cháng jiàn de huā duǒ zhì pǐn ér méi gui jīng yóu zé shì

牛皮糖等，都是常见的花朵制品，而玫瑰精油则是

nǚ shì men zuì hǎo de měi róng hù fū pǐn

女士们最好的美容护肤品。

▲ 花中君子——兰花。

作用

花香还具有奇特的
医疗作用。

一年生和多年生植物之谜

·ZOUJIN AOMI SHIJIE

chūn zhòng yí lì sù qiū shōu wàn kē
"春种一粒粟，秋收万颗

zǐ zhè jù shī miáo huì de jiù shì dāng nián
子。"这句诗描绘的就是当年

bō zhòng dāng nián shōu huò de yì nián shēng zhí
播种当年收获的一年生植

wù chūn zhòng qiū shōu shì tā men gòng yǒu de
物，春种秋收是它们共有的

tè zhēng zhè zhǒng zhí wù zhǒng lèi fán duō
特征。这种植物种类繁多，

lì rú shuǐ dào xiǎo mǐ yù mǐ gāo liang
例如，水稻、小米、玉米、高粱、

金银花

金银花是多年生半常绿缠绕木质藤本植物。

烟草、棉花、花生、西红柿、菜豆等。另一些植物，经过一次播种或移栽，可以连续生长两年以上，这就是多年生植物。

在现实的自然世界里，某些植物是可以实现由一年生植物向多年生植物的转变的。例如，水稻、棉花等植物，只要外界条件能满足它们的生理需求，就可以转变成多年生的植物，只是科学家目前还不能解释这种转变机制。

葡萄
　　葡萄为多年生落叶藤本植物，是世界上最古老的植物之一。

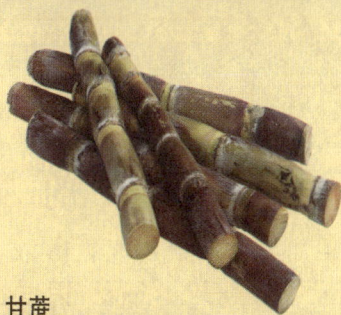

甘蔗
　　甘蔗原产于热带或亚热带地区，为多年生草本植物。

无情 却有情的植物之谜

ZOUJIN AOMI SHIJIE

▲ 植物的感情细胞或许就存在于植物树叶的纹理之间。

zì rán jiè zhōng de shén qí   wú chù bú zài   zhí wù xué jiā fā xiàn
自然界中的神奇，无处不在。植物学家发现，

zhí wù shì yǒu zhì lì de   ér qiě hái yǒu   xīn
植物是有"智力"的，而且还有"心

zāng hé   mài bó   zhí wù xué jiā cè chū zhí wù
脏"和"脉搏"。植物学家测出植物

de   xīn zàng   jiù zài nèi pí xià   dāng yù dào wài
的"心脏"就在内皮下，当遇到外

jiè xí jī shí   kě yǐ kòng zhì zhí wù zuò chū bǎo hù
界袭击时，可以控制植物做出保护

xìng dòng zuò
性动作。

"疼痛"的树
蚂蚁在咬食树叶的时候，
树似乎会发出疼痛的尖叫。

hé rén yí yàng　　zhí wù tóng yàng yě huì
和人一样，植物同样也会

yīn shēng mìng shòu dào wēi xié ér jǐn zhāng　kē
因生命受到威胁而紧张。科

xué jiā fā xiàn　kōng qì yán zhòng wū rǎn　kōng
学家发现，空气严重污染、空

qì shī dù tài dà huò tài xiǎo　huǒ shān pēn fā
气湿度太大或太小、火山喷发、

▲ 我们肉眼看不到植物的"心"，但
它们的确有感情。

dòng wù kěn chī zhí wù de shù yè huò dà liàng kūn
动物啃吃植物的树叶或大量昆

chóng cán shí zhí wù děng dōu huì shǐ zhí wù gǎn dào jǐn zhāng　ér qiě jǐn zhāng
虫蚕食植物等都会使植物感到紧张，而且紧张

de zhí wù huì shì fàng chū yì zhǒng rén lèi wú fǎ chá jué de yǐ xī qì tǐ　bù
的植物会释放出一种人类无法察觉的乙烯气体。不

liáng de　qíng xù　shèn zhì kě néng ràng zhí wù kū wěi
良的"情绪"甚至可能让植物枯萎。

会欣赏音乐 的植物

●●●●·ZOUJIN AOMI SHIJIE

▲ 怡人的音乐可以让植物快乐地成长。

yí wèi xǐ ài yīn yuè de kē xué
一位喜爱音乐的科学
jiā ǒu rán fā xiàn zài tā liàn qín de
家，偶然发现在他练琴的
huā yuán li huā mù zhǎng de gé wài
花园里，花木长得格外
měi lì zhè bìng fēi ǒu rán kē xué
美丽。这并非偶然，科学
jiā de shí yàn biǎo míng měi tiān tīng fēn zhōng yīn yuè de shuǐ xiān shēng zhǎng
家的实验表明，每天听25分钟音乐的水仙，生长
sù dù míng xiǎn tí gāo ér měi tiān xīn shǎng xiǎo shí yīn yuè de fān qié zhǎng
速度明显提高；而每天欣赏3小时音乐的番茄，长

听音乐的植物
　　我们常说音乐无国界，现在我们应该说音乐不是人类的专属。

chéng le shì jiè jí de fān qié wáng
成了世界级的"番茄王"。

zhí wù sì hū zhǐ duì yōu měi de gǔ diǎn yīn
植物似乎只对优美的古典音

yuè gǎn xìng qù　duì nà xiē zào yīn bān de yáo gǔn
乐感兴趣，对那些噪音般的摇滚

yuè zé　bì zhī bù jí　kē xué jiā céng jīng yòng
乐则"避之不及"。科学家曾经用

xī hú lu zuò guo shí yàn　jié guǒ fā xiàn　xī hú
西葫芦做过实验，结果发现，西葫

lu huì chán rào bō fàng gǔ diǎn yīn yuè de shōu lù
芦会缠绕播放古典音乐的收录

jī　yǐ shì duì yōu měi yuè qǔ de　xǐ huan
机，以示对优美乐曲的"喜欢"，

ér duì yáo gǔn yuè zé duǒ de yuǎn yuǎn de
而对摇滚乐则躲得远远的。

疑问

植物没有听觉器官，为什么也能够欣赏音乐呢？

死亡

噪音可能会使原本长势良好的植物死亡。

其他事例？

一位科学家给含羞草播放乐曲，结果这些含羞草比没有"欣赏"乐曲的长高了一倍。农业科学家对不同作物进行了实验，优美的乐曲可使水稻增产 25%～60%，可使花生和烟草产量提高 50%。

令人吃惊

植物对声音的"鉴赏"能力简直令人吃惊。

▲ 古典音乐更能促进植物细胞的分裂。

另一种 "音乐"——超声波

rén xīn shǎng yīn yuè　kě yǐ yú yuè shēn xīn　ér yīn yuè yě kě yǐ duì
人欣赏音乐,可以愉悦身心,而音乐也可以对

zhí wù xì bāo chǎn shēng yì zhǒng jī xiè cì jī　zài zhè zhǒng cì jī xià　xì
植物细胞产生一种机械刺激。在这种刺激下,细

bāo nèi de yǎng fèn shòu dào zhèn dàng ér jiā sù fēn jiě　cǐ shí shì fàng de yǎng
胞内的养分受到振荡而加速分解。此时释放的养

fèn　gāng hǎo mǎn zú le zhí wù de shēng zhǎng xū qiú
分,刚好满足了植物的生长需求。

kē xué jiā hái fā xiàn　chāo shēng bō duì zhí wù de shēng zhǎng yǒu zhe qí
科学家还发现,超声波对植物的生长有着奇

^{miào de zuò yòng} ^{yǒu rén rèn wéi} ^{chāo shēng bō shì}
妙的作用。有人认为，超声波是

^{yì zhǒng néng liàng} ^{yòng tā lái chǔ lǐ zhí wù zhǒng}
一种能量，用它来处理植物种

▲ 优雅的小提琴。

^{zi} ^{néng jiā kuài zhǒng zi de xī shuǐ sù dù} ^{shǐ qí róng yì fā yá} ^{bìng jiā}
子，能加快种子的吸水速度，使其容易发芽，并加

^{kuài chū miáo} ^{yě yǒu de kē xué jiā rèn wéi} ^{chāo shēng bō shì yì zhǒng tán xìng}
快出苗。也有的科学家认为，超声波是一种弹性

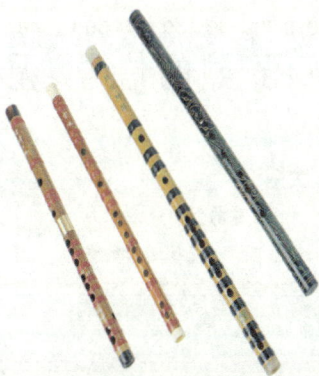

^{jī xiè bō} ^{kě cù jìn zhí wù xì bāo nèi bù wù zhì}
机械波，可促进植物细胞内部物质

^{de yǎng huà} ^{hái yuán} ^{fēn jiě hé hé chéng} ^{zhè}
的氧化、还原、分解和合成。这

^{duì zhí wù de shēng zhǎng fā yù hé tí gāo chǎn}
对植物的生长发育和提高产

^{liàng shì dà yǒu yì chù de}
量是大有益处的。

▲ 对于植物生长来说，小小的笛
子也许比一袋化肥更有效。

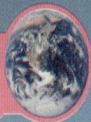

"长记性"的植物

měi guó yē lǔ dà xué céng jīng shè jì le yí gè
美国耶鲁大学曾经设计了一个

shí fēn yǒu qù de shí yàn xiān jiāng liǎng zhū zhí wù bìng
十分有趣的实验：先将两株植物并

pái fàng zài wū zǐ li ràng yí gè rén dāng chǎng huǐ diào
排放在屋子里，让一个人当场毁掉

yì zhū rán hòu ràng bāo kuò xiōng shǒu zài nèi de
一株。然后让包括"凶手"在内的6

gè rén yī cì zǒu jìn nà zhū huó zhe de zhí wù dāng
个人依次走近那株活着的植物，当

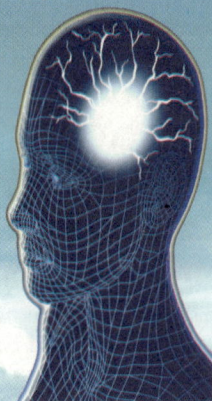

▲ 人有记忆是因为人有大脑。

xiōng shǒu zǒu guo lai shí nà zhū huó zhe de
"凶手"走过来时，那株活着的

zhí wù biàn zài yí qì jì lù zhǐ shang
植物便在仪器记录纸上

liú xià qiáng liè de xìn hào wú
留下强烈的信号。无

大脑

人类的大脑是在长期
进化过程中发展起来的具
有思维和意识的器官。

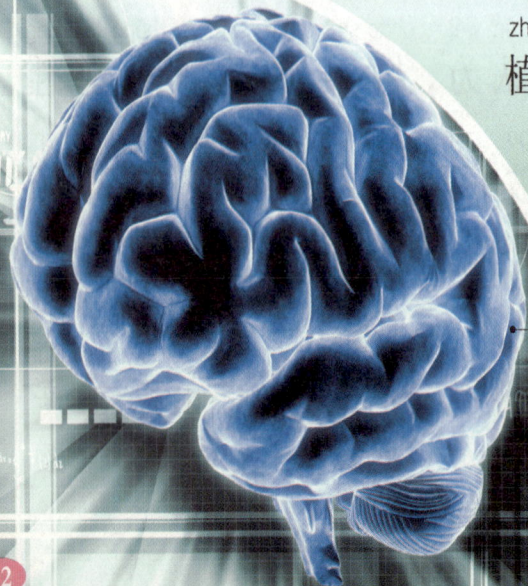

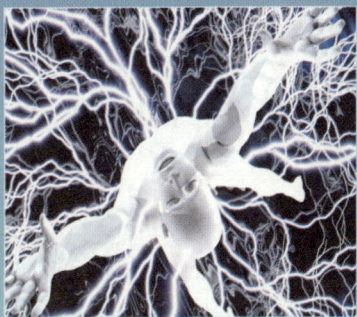

植物记性之谜

关于植物记忆的问题，目前还是一个没有被彻底解开的谜。

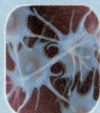

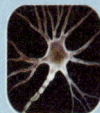

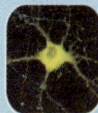

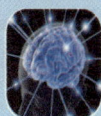

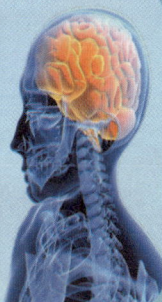

论种这信号表示什么，我们可以大胆推测：植物不仅可以接受信息，而且很有可能具有一定的记忆力。

与动物不同，植物自身没有完整的神经系统，更不存在"大脑"，因此，植物的这种记忆很可能来自离子的渗透补充。但是，事实是否如此，尚无人能给出令人信服的答案！

有趣的实验

科学家曾选用一株萌发两片叶子的三叶鬼针草做实验，用针刺它右侧的叶子，接着把它放到条件很好的环境中，5天后，植株从左边萌发的芽生长很旺盛，而右边的芽生长明显较慢。这个结果表明，植物依然"记得"以前那次破坏性的针刺。

植物栽到水上了

ZOUJIN AOMI SHIJIE

▲ 莲花素有"睡在水上的美人"之称。

wǒ guó de shuǐ shang zhòng zhí shì yè shǐ yú
我国的水上种植事业始于

nián suí zhe zāi péi jì shù de chéng shú wǒ
1989年，随着栽培技术的成熟，我

guó de shuǐ shang zhòng zhí shì yè bú duàn fā zhǎn
国的水上种植事业不断发展。

céng jīng yǒu rén jiāng yóu cài děng hàn dì zuò wù yí zāi dào shuǐ tián li kě
曾经有人将油菜等旱地作物移栽到水田里，可

shì guò bu liǎo duō jiǔ yóu cài jiù yīn gēn bù fǔ làn ér sǐ wáng suí hòu kē xué
是过不了多久，油菜就因根部腐烂而死亡。随后，科学

jiā shè jì chū le zhí wù zài shuǐ shang shēng zhǎng suǒ xū yào de fú tǐ jiāng fú tǐ
家设计出了植物在水上生长所需要的浮体，将浮体

置于水面，并在浮体上种植
了小麦、油菜、草莓等旱地作
物，获得成功。

我国的耕地面积不到全球的7%，人口的迅速
增长和耕地的不断减少，对粮食产量有了更高
的要求。无疑，植物水上种植
的研究成功，为我们提供了一
个很好的解决问题的途径。

谜一样的植物寿命

ZOUJIN AOMI SHIJIE

植物的寿命有长有短，相差很大。例如菌类植物寿命可能只有几天，而一些高大的乔木，寿命可达数千年。

除此之外的某些植物寿命也很长，如仙人掌、蕨类等植物。有一种神奇的叫卷柏的九死还魂草，如果天气干旱，

"沙漠英雄花"

仙人掌是墨西哥的国花，有"沙漠英雄花"之称。即使是在贫瘠的土地和干旱的天气，它也能生机勃勃地生长。

仙人掌

仙人掌易于成活，寿命相对较长。

巨杉的习性

巨杉是一种阳性树，喜欢肥沃疏松的土壤，不适宜在湿地中生长。

它的枝条便卷缩起来，而雨季一到，卷枝随即展开，继续生长。它甚至可以"拔出"自己的根，随风而动，根据水源的多少，自由地实现"自我搬家"和"游牧"生活。这种生存特点，使它们可以"长生不老"，统计其寿命或年龄是十分困难的。

菌类植物

菌类植物结构简单，没有根、茎、叶等器官，一般也不具有叶绿素。菌类植物包括细菌门、粘菌门和真菌门三类彼此并无亲缘关系的生物。目前，人类已知的菌类植物大约有十万种。它们含有较高的蛋白质，营养价值十分丰富。

巨杉的寿命

能生长 4 000 年的巨杉寿命还不算最长。

巨杉的用途

巨杉的木材通常用来做屋顶木板或栅栏，甚至是火柴棒。

老寿星 长寿树

●●●●·ZOUJIN AOMI SHIJIE

在非洲西北海岸著名的加那利群岛上，一位科学家的偶然发现，改变了人类对植物"寿命"的传统认识。这个充满神秘色彩的位于北回归线附近的群岛上，生长着一种神奇而古老的树种——龙血树。

▲ 寿命之王——龙血树。

nà shì yì kē zhī chà héng jié de lǎo shù
那是一棵枝杈横结的老树，
shù pí lüè xiǎn huī bái　fēn zhī quán zài gāo gāo de
树皮略显灰白，分枝全在高高的
dǐng duān　zhǔ gàn cū yuē　mǐ　shù gāo dá
顶端，主干粗约5米，树高达18
mǐ　zhè biàn shì yì kē sì jì cháng lǜ de lóng
米。这便是一棵四季常绿的龙
xiě shù　suī rán yǐ jīng zāo dào chóng zhù　dàn shì
血树。虽然已经遭到虫蛀，但是
shēng wù xué jiā gū jì chū dà shù de nián lún yuē
生物学家估计出大树的年轮约
yǒu bā qiān duō quān　huàn jù huà shuō　zhè shì yí wèi bā qiān duō suì gāo líng
有八千多圈。换句话说，这是一位八千多岁高龄
de　shòu xing shù
的"寿星树"！

名称由来

龙血树的茎干能分泌出一种鲜红色的树脂，由此得名龙血树。

香龙血树

香龙血树能散发出一种香味。

▲ 柳树的繁殖能力超强。

不结籽的植物

●●●● ·ZOUJIN AOMI SHIJIE

yǒu de zhí wù zhǐ kāi huā　bú jiàn jié zǐ　zhè zhǒng zhí wù kě yǐ fēn wéi
有的植物只开花，不见结籽。这种植物可以分为

liǎng zhǒng　yì zhǒng shì cí xióng huā yì zhū zhí wù　lìng yì zhǒng shì bì xū yì
两种：一种是雌雄花异株植物，另一种是必须异

zhū、yì huā shòu fěn de zhí wù　yǐ yáng shù wéi lì　yí lì chéng shú de yáng
株、异花授粉的植物。以杨树为例，一粒成熟的杨

shù huā fěn zài tuō lí yáng shù　xiǎo shí hòu　jiù jiāng sàng shī shēng mìng lì
树花粉在脱离杨树24小时后，就将丧失生命力。

zhè yàng　yì xiē líng xīng fēn sàn de yáng shù de zhí zhū jiù yīn hěn nán dé dào yǒu
这样，一些零星分散的杨树的植株就因很难得到有效授粉，而不能开花结籽。

俗话说，有心栽花花不发，无心插柳柳成荫。

甘薯作为热带植物，对温度要求极高。我国的有效积温很难达到甘薯结籽的温度要求，因此人们根本就看不见它开花结籽。

还有一些植物，我们只要种植它们的地下块茎、块根等或者一根枝条，它们就能够成活，例如杨树、柳树等。

奇妙的植物花粉

ZOUJIN AOMI SHIJIE

zhòng suǒ zhōu zhī　　zhí wù de zhǒng zi kě yǐ shēng zhǎng chū xiǎo miáo
众所周之,植物的种子可以生长出小苗,

yǒu xiē zhí wù zì shēn de yí bù fen yě kě yǐ péi yù chū miáo　jiāng zhè xiē miáo
有些植物自身的一部分也可以培育出苗,将这些苗

zāi zhòng zài tǔ dì li　　tā men jiù néng gòu zhèng cháng shēng zhǎng
栽种在土地里,它们就能够正常生长。

zhí wù fán zhí de yì bān guò chéng shì cí xióng ruǐ shòu fěn　shēng zhí xì
植物繁殖的一般过程是雌雄蕊授粉,生殖细

蜜蜂

蜜蜂在采蜜的同时可帮助植物传粉。

42

蝴蝶
花蕊是蝴蝶最爱的栖息地。

bāo bú duàn fēn liè zēng duō zuì hòu xíng chéng zhǒng zi bú guò suí zhe kē jì
胞不断分裂、增多，最后形成 种子。不过随着科技

de fā zhǎn xiàn zài zhǐ xū yào cóng zhí wù de xióng xìng huā shang cǎi xià hěn xiǎo
的发展，现在只需要从植物的雄性花上采下很小

de huā fěn lì lì yòng rén gōng péi yǎng jī péi yǎng yí duàn shí jiān jiù kě
的花粉粒，利用人工培养基，培养一段时间，就可

yǐ dé dào yì tuán xì bāo yě chēng zuò yù shāng zǔ zhī jiāng zhè xiē xì bāo zài
以得到一团细胞，也称作愈伤组织。将这些细胞再

jìn xíng zhuǎn yí péi yǎng zuì hòu jiù kě yǐ dé dào xiǎo lǜ miáo bō zhòng zài
进行转移培养，最后就可以得到小绿苗，播种在

dì li tā men jiù kě yǐ shēng zhǎng chéng yì kē wán zhěng de zhí wù
地里，它们就可以生长成一棵完整的植物。

愈伤组织

在离体培养中，细胞会持续分裂生成细胞团，最后发展成不受亲本植株影响的愈伤组织。愈伤组织培养是一种常见的培养形式，它不仅可以使植物快速繁殖，同时也是改良物种、提高植株成活率的理想方式。

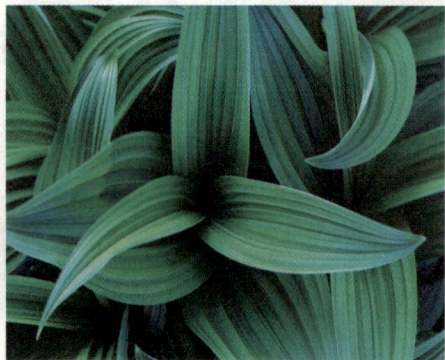

▲ 植物的叶子是吸收肥料的高手。

▲ 叶子角质层越薄越容易吸收肥料。

根外吸肥 的奥妙

ZOUJIN AOMI SHIJIE

gēn wài zhuī féi　　shì jìn nián lái nóng yè kē jì zhuān jiā fā míng de yí
"根外追肥"是近年来农业科技专家发明的一

xiàng xīn de shī féi fāng shì　　jiǎn dān jiǎng　　jiù shì bǎ huà xué féi liào róng jiě zài
项新的施肥方式。简单讲，就是把化学肥料溶解在

shuǐ zhōng　　zhí jiē pēn sǎ zài zhí wù de yè zi biǎo miàn
水中，直接喷洒在植物的叶子表面。

zhí wù de yè zi biǎo miàn bìng bú shì　　tiě
植物的叶子表面并不是"铁

bǎn yí kuài　　　shàng mian bù mǎn le yòng lái tōng
板一块"，上面布满了用来通

qì de xiǎo qì kǒng　　féi liào de shuǐ róng yè kě yǐ
气的小气孔。肥料的水溶液可以

tōng guò zhè xiē xiǎo kǒng shèn tòu dào yè zi de nèi
通过这些小孔渗透到叶子的内

部。不过，这种渗透的速度并不一致。有的只要十几分钟，而另一些则可能需要几小时。原来，这是植物表面的角质层在作怪。角质层厚，肥水渗透就会变慢；角质层薄，肥水则很容易渗透。但是，不得不承认的是，叶面喷肥只能作为一种辅助手段，因为叶子吸收肥料的能力远远小于根系。

▲ 关于植物叶片能否吸肥，科学界有不同的解释。

神秘的植物"灯"

ZOUJIN AOMI SHIJIE

rú guǒ shuō zhí wù shì jiè li　yǒu bú yòng fā diàn jiù kě yǐ liàng qi lai
如果说植物世界里，有不用发电就可以亮起来

de dēng　nǐ huì xiāng xìn ma　dà qiān shì jiè　wú qí bù yǒu　zì rán jiè
的"灯"，你会相信吗？大千世界，无奇不有，自然界

zhōng zhēn de yǒu zhí wù　dēng
中真的有植物"灯"！

zài gāng bǐ yà nán sī péng kǎo cǎo yuán shang　dāng dì de jū mín bǎ yì
在冈比亚南斯朋考草原上，当地的居民把一

zhǒng hěn qí guài de cǎo yí zhí dào jiā mén kǒu　yuàn zǐ li　dàng zuò　lù
种很奇怪的草移植到家门口、院子里，当作"路

dēng　lái yòng　zhè shì yīn wèi zhè zhǒng cǎo kě yǐ shǎn shǎn fā guāng　jiù hǎo
灯"来用。这是因为这种草可以闪闪发光，就好

xiàng yì zhǎn dēng yí yàng
像一盏灯一样。

在北美洲的原始森林中，有一种"魔树"，每当夜幕降临，人们纷纷来到魔树下，借助它发出的闪闪绿光，或看书，或下棋，或嬉笑玩耍。

植物"灯"给人些许神秘莫测的感觉，植物为什么会发光呢？答案还在探索中。

会发光的树多"藏匿"于原始森林里。

与水有关

难道树发光与水有关？

对人类的影响

这些有趣又有用的"自然界之灯"，给人们的生活带来许多方便。

会发光的树？

1983年，我国湖南省发现了一棵能发光的杨树。这棵树被砍伐并剥掉树皮之后，竟然在晚上发起光来，就连树根和锯出的木屑也一样放光。一根1米长，5厘米粗的树枝，亮度相当于一只5瓦的日光灯。

神奇的 "石油" 植物

shí dài zài fā zhǎn　shè huì zài jìn bù　suí zhe shì jiè rén kǒu de bú duàn
时代在发展,社会在进步。随着世界人口的不断

zēng duō　yǐ jí shì jiè jīng jì duì shí yóu děng huà shí néng yuán dí yī lài chéng
增多,以及世界经济对石油等化石能源的依赖程

dù rì yì jiā shēn　gè guó dōu miàn lín zhe shí yóu néng yuán wēi jī de wēi xié
度日益加深,各国都面临着石油能源危机的威胁。

shì jì　nián dài yǐ lái　gè néng yuán xū qiú dà guó kāi shǐ wèi
20世纪80年代以来, 各能源需求大国开始为

wéi chí shí yóu de cháng jiǔ gōng yìng ér gè xún
维持石油的长久供应而各寻

chū lù　zhí wù shí yóu kē yán gōng guān qǔ dé
出路,植物石油科研攻关取得

le zhòng dà chéng jiù
了重大成就。

zài wǒ guó hǎi nán dǎo fā
在我国海南岛发
xiàn le yì zhǒng jiào yóu nán de shù
现了一种叫油楠的树
mù dāng zhǎng dào mǐ
木，当长到12～15米
gāo shí jiù néng chǎn yóu yì kē dà
高时，就能产"油"。一棵大
shù měi cì kě cǎi jí dào qiān kè shí
树每次可采集到3～4千克"石
yóu zhè zhǒng shí yóu kě yǐ zhí jiē yòng lái diǎn dēng
油"，这种"石油"可以直接用来点灯。

mù qián fēi lǜ bīn yǐ zhòng zhí le píng fāng qiān mǐ de yín hé huān
目前，菲律宾已种植了120平方千米的银合欢
shù bìng jiāng qí zuò wéi yì zhǒng néng chǎn shí yóu de zhí wù lái zhòng diǎn
树，并将其作为一种能产"石油"的植物来重点
duì dài
对待。

"石油"植物

在庞大的植物世界里，
究竟有多少"石油"植物呢？

如何获取

一些"石油"植物只要通过简单的分离加工，就可获得柴油或高级汽油。

téng běn zhí wù shì zhòng yào de　　shí yóu
藤本植物是重要的"石油"
zhí wù　　jǐn zài bā xī　　jiù fā xiàn qī bǎi duō
植物。仅在巴西，就发现七百多
zhǒng kě yǐ chǎn chū chái yóu de téng běn zhí wù
种可以产出柴油的藤本植物。
zhǒng lèi fán duō de téng běn zhí wù　　bú dàn chǎn
种类繁多的藤本植物，不但产
yóu liàng gāo　　ér qiě shēng zhǎng sù dù kuài
油量高，而且生长速度快。

▲ 如果放眼望去整个山头都是
"石油"植物，那么世界又该
是什么样子？

shí yóu zī yuán yě xǔ huì kū jié　　rú guǒ shù mù yě néng zhǎng chū　　shí
石油资源也许会枯竭，如果树木也能长出"石
yóu　　yě xǔ wǒ men de néng yuán wēi jī jiù huì yíng rèn ér jiě le
油"，也许我们的能源危机就会迎刃而解了。

神秘的二次开花

chūn huá qiū shí shì luò yè guǒ shù de yì bān
春华秋实是落叶果树的一般
guī lǜ rán ér zài tā men shēn shang hái yǒu yì
规律。然而,在它们身上还有一
zhǒng fǎn cháng de xiàn xiàng qiū tiān zài cì kāi
种反常的现象——秋天再次开
huā zhè zhǒng xiàn xiàng bèi chēng wéi èr cì kāi huā
花!这种现象被称为二次开花。
zhè kě bú shì yí jiàn hǎo shì rú guǒ píng guǒ shù
这可不是一件好事,如果苹果树
děng jīng jì zuò wù èr cì kāi huā huì yǐng xiǎng lái
等经济作物二次开花,会影响来
nián de chǎn liàng hé shù shì wēi hài yán zhòng
年的产量和树势,危害严重。

51

通常，多数植物体内含有一定量的脱落酸，秋季到来，脱落酸的浓度增加，而促进生长的激素受到抑制，叶子就会脱落，植物进入休眠状态。如果在植物叶子的生长阶段，植物遭受外界的刺激而使得叶子提前脱落，由于脱落酸还没有大量形成，而且外界温度尚高，植株没

▼ 为避免果树二次开花，就要采取综合的农业措施。

有休眠，如果水分适宜，植物就会误以为"春天"又来了，并第二次开花。

避免二次开花，根本方法是防止果树早期落叶。

对二次开花的成因我们了解的并不全面，这有待于专家的进一步探索。面对二次开花的危害，我们还必须采取综合农业技术措施，避免其发生，减少不必要的损失。

当二次开花不可避免时，为减少树体损失，应尽早把要开的花蕾或花除掉。

果树产量的大小年

ZOUJIN AOMI SHIJIE

guǒ shù jié guǒ de shù liàng　měi nián shì bù yí yàng de　wǎng wǎng shì
果树结果的数量，每年是不一样的。往往是，

yì nián jié guǒ guò duō　cì nián jié guǒ shù liàng jiù huì ruì jiǎn　ér qiě zhè zhǒng
一年结果过多，次年结果数量就会锐减，而且这种

xiàn xiàng huì xún huán fā shēng　zhè jiù shì guǒ shù dà xiǎo nián jié guǒ xiàn xiàng
现象会循环发生，这就是果树大小年结果现象。

zhè bú shì dān yī shù zhǒng de tè shū biǎo xiàn　ér shì jù yǒu hěn qiáng de qún
这不是单一树种的特殊表现，而是具有很强的群

原因

引起果树大小年的原因
是多方面的。

桃子

在北方的四种鲜果中，桃子
大小年的表现不是十分明显。

探索

多年来，人们一
直在探索果树产量
大小年现象的成因。

又一原因

赤霉素的形成
是造成果树大小年
结果的又一原因。

体性。大到一个地区、一个果园，小到不同品种和不同单株个体都有如此的特性，只是有些时候表现得不那么明显罢了。

　　果树大小年结果现象会加速果树衰老，降低其抗病性、抗寒性和果实品质。

　　灾害性气候，以及错误的栽培技术措施是造成果树大小年结果的外部原因之一。此外，在结果过

引申义

大小年原来只是指果树或其他一些农作物不同年份产量不同的现象，后来又引申到了其他领域。如报考现象，即上一年报考人数多，导致分数线上调，录取比例下降；第二年不敢报高分校的学生涌向低分校，使得高分院校的报考人数减少，分数线下降。

危害

果树大小年结果的危害很大，会影响正常的果实供应。

寻找方法

目前，尚没有有效的方法能克服果树大小年结果。

苹果
苹果是大小年现象最严重的水果。

duō de dà nián li　yǎng fèn jìng zhēng jǐ liè　guǒ shí xī shōu le dà liàng yǎng
多的大年里，养分竞争激烈，果实吸收了大量养

liào　zhī tiáo dé dào de yíng yǎng wù zhì jiǎn shǎo　zhí jiē yǐng xiǎng le dì èr nián
料，枝条得到的营养物质减少，直接影响了第二年

huā yá de xíng chéng　xiǎo nián zé gāng hǎo xiāng fǎn　guǒ shù jī lěi qi lai de
花芽的形成。小年则刚好相反，果树积累起来的

yíng yǎng wù zhì duō　chūn tiān jiù huì xíng chéng dà liàng bǎo mǎn de huā yá
营养物质多，春天就会形成大量饱满的花芽。

kē xué yán jiū zhèng míng　fáng zhǐ guǒ
科学研究证明，防止果

shù dà xiǎo nián jié guǒ　shū huā shū guǒ shì jiǎn
树大小年结果，疏花疏果是简

biàn ér yǒu xiào de fāng fǎ
便而有效的方法。

无籽果实的奥秘

▲ 在众多的香蕉中是否有基因突变的无籽香蕉呢？

众所周之，香蕉、西瓜、橘子里面都有小小的"籽"，这是它们的种子。不过，为什么我们还能吃到无籽西瓜和橘子呢？这是因为在这些植物的发育过程中，人们将突变后的无籽特性保留了下来，代代相传。这类果实在形成过

chéng zhōng bù jīng shòu fěn shòu jīng zǐ fáng
程中，不经授粉受精，子房

kě yǐ zì xíng péng dà ér zhǎng chéng guǒ shí
可以自行膨大，而长成果实。

tōng cháng zhè lèi bù jīng shòu jīng zuò yòng zǐ
通常，这类不经受精作用、子

fáng néng zì xíng péng dà ér xíng chéng guǒ shí
房能自行膨大而形成果实

de jiào dān xìng jié shí huò dān wèi jié shí
的，叫单性结实或单位结实。

西瓜无籽似乎并没有影响它的味道。

吃西瓜的小男孩儿。

yì bān guǒ shí tōng guò shòu fěn shòu jīng zài
一般果实，通过授粉受精，在

xíng chéng zhǒng pēi de guò chéng zhōng néng chǎn
形成种胚的过程中，能产

shēng duō zhǒng jī sù cì jī guǒ shí xì bāo fēn
生多种激素，刺激果实细胞分

liè péng dà hé chéng shú fáng zhǐ luò guǒ ér dān
裂、膨大和成熟，防止落果。而单

xìng jié shí de guǒ shí suī wú zhǒng pēi chǎn shēng
性结实的果实，虽无种胚产生

jī sù lái cù jìn guǒ shí de shēng zhǎng fā yù dàn
激素来促进果实的生长发育，但

zhè lèi guǒ shí zài huā lěi chū xiàn zhī hòu zǐ fáng de
这类果实在花蕾出现之后，子房的

jī sù hán liàng hěn gāo réng néng bǎo zhèng guǒ shí de
激素含量很高，仍能保证果实的

58

▲ 无籽西瓜不能形成种子，无法继续培育果实。

zhèng cháng fā yù
正常发育。

wǒ men méi bì yào dān xīn wú zǐ zhí wù de
我们没必要担心无籽植物的

fán zhí yīn wèi wú zhǒng pēi chǎn shēng jī sù kě
繁殖，因为无种胚产生激素可

yǐ cù jìn guǒ shí de shēng zhǎng fā yù huā lěi chū
以促进果实的生长发育，花蕾出

xiàn hòu zǐ fáng de jī sù hán liàng dà dà zēng
现后，子房的激素含量大大增

jiā réng néng bǎo zhèng guǒ shí de zhèng cháng shēng
加，仍能保证果实的正常生

zhǎng fā yù
长发育。

◀ 如果将来香蕉也无籽了，还会和现在一样好吃吗？

植物的花蕾

花蕾是植物即将开放的花朵，俗称花骨朵，花蕾期是植物在结出果实前的重要阶段，而种子也就是这时开始孕育的。

无籽西瓜

普通西瓜是二倍体植物，而无籽西瓜为三倍体植物，它是根据染色体的变异培育出来的，栽培技术与普通西瓜略有不同。

上帝的 恩赐——"大米树"

ZOUJIN AOMI SHIJIE

在亚洲的热带地区和太平洋中的一些岛屿上，生长着一种神奇的"米树"——西谷椰子树。和竹子一样，"米树"的一生只开花一次，开花后，"米树"就走到了生命的尽头，几个月内就会慢慢地死去。

"米树"是用生命换取了美味的"大米"。"米

科属

西谷椰子树属于棕榈科植物，它与棕榈、槟榔、椰子等属同科。

寿命

西谷椰子树长得很快，但是寿命很短。

树"的树皮内存有大量的水溶性淀粉，开花时，"米树"的淀粉积累达到了顶点。但令人难以置信的是，"米树"开花后，大量的淀粉会在较短的时间内全部被消耗掉。因而必须在"米树"开花后的一周内立即把它砍倒，经过处理，人们便可收获一粒一粒的"大米"，这就是美味的"西谷米"，人们把这种神奇的植物当作上帝恩赐的礼物。

"西谷米"

"西谷米"是当地人重要的食粮。它可以做出喷香可口的饭，而且营养丰富。目前，世界上仍有人依靠"西谷米"来维持生活。因"西谷米"不怕虫蛀，除可食用外，还可用于纺织工业的上浆和作为建筑材料。

令人费解的郁金香"盲蕾"

●●●●·ZOUJIN AOMI SHIJIE

郁金香美丽的外表和迷人的香气，使其成为一种人见人爱的观赏花。在栽植的过程中，人们意外地发现了它身上的一种奇特的"盲蕾"现象。

郁金香是百合科，属多年生球根花卉。秋季栽种种球，经过一个冬天，随着春季气温升高，种球迅速生长

▲ 含苞待放的郁金香。

并开花，新球根随后开始发育，6～7月将成熟的新球和子球挖出，存放在适宜的温度下休眠，待到秋季再次播种。但有些经过贮藏的球根种植后，花蕾枯萎不能开放，这就是"盲蕾"。经过研究，专家终于找出了其中原因，原来是郁金香的花芽分化过程对温度要求很高，必须控制在17℃～20℃，如果温度过高，花芽发育就会受到阻碍，而形成"盲蕾"。

广为栽培

经过几个世纪的栽培和杂交育种，郁金香已经成为世界各国广泛栽培的花卉。

虽然"盲蕾"的发生使人们无法收获美丽的郁金香花,却可

以让人得到繁殖能力大大增强的球根,培育人员根据郁金香"盲蕾"出现的原因,利用高温处理方法,发明出了人工促进郁金香球根繁殖的方法。

▼ 初开的郁金香像一个刚出浴的美人。

64

千姿百态 的菊花

"不是花中偏爱菊，此花开尽更无花。"经过三千多年的不断进化和培育，如今的菊花早已从一种小小的黄花，变成了拥有四千多个品种的"大家族"。悠久的历史，奠定了菊花在中国传统文化中的地位，多变的花形、花色和叶形，给人们带来了美的享受和心灵的涤荡。

花中四君子

梅、兰、竹、菊被中国人视为花中四君子。

诗句

陶渊明有诗曰："采菊东篱下，悠然见南山。"

jú huā bù jǐn néng gòu gěi rén men dài lái měi de xiǎng shòu   hái yǒu hěn
菊花不仅能够给人们带来美的享受，还有很

gāo de shí yòng jià zhí   rú kě yǐ zuò wéi qīng liáng yǐn pǐn de zhè jiāng háng jú
高的实用价值，如可以作为清凉饮品的浙江杭菊，

kě zuò tiān rán nóng yào de chú chóng jú děng   cǐ
可做天然农药的除虫菊等。此

wài   jú huā hái néng xī shōu èr yǎng huà liú   fú
外，菊花还能吸收二氧化硫、氟

huà qīng děng duì rén hé dòng zhí wù yǒu dú hài de
化氢等对人和动植物有毒害的

qì tǐ   jìng huà kōng qì   bǎo hù huán jìng
气体，净化空气，保护环境。

菊花为什么会呈现出千姿百态的状态呢？这主要是自然环境变化和人工杂交、驯化诱变的结果。最初，菊花的花色发生自然改变，人们通过无性繁殖将这种新鲜的颜色保存下来。人们还可以把很多不同品种的菊花枝条嫁接到一株菊花上，这样在一株菊花上就能得到具有多个花色的菊花。

神奇的 "植物报时钟"

zì rán jiè zhōng yǒu xǔ xǔ duō duō de zhí
自然界中，有许许多多的植

wù kě yǐ lì yòng zì jǐ de kāi huā shí jiān lái
物，可以利用自己的开花时间，来

bào gào shí jiān
报告时间。

yǒu rén bǎ shǐ huā qī yuè fèn bù tóng de
有人把始花期月份不同的 12

▲ 野蔷薇约在 5 时开放。

zhǒng huā huì biān rù gē yáo
种花卉编入歌谣：

yī yuè là méi líng hán kāi   èr yuè hóng méi xiāng xuě hǎi
一月腊梅凌寒开，二月红梅香雪海；

sān yuè yíng chūn bào chūn lái   sì yuè mǔ dān yòu tǔ yàn
三月迎春报春来，四月牡丹又吐艳；

茉莉花

茉莉花被看作清纯、忠贞的代表。

wǔ yuè sháo yao dà yòu yuán　liù yuè zhī zǐ xiāng yòu bái
五月芍药大又圆,六月栀子香又白;

qī yuè hé huā mǎn chí kāi　bā yuè fèng xiān rǎn zhǐ gài
七月荷花满池开,八月凤仙染指盖;

jiǔ yuè guì huā tǔ fēn fāng　shí yuè fú róng qiān zī tài
九月桂花吐芬芳,十月芙蓉千姿态;

shí yī yuè jú huā fàng yì cǎi　shí èr yuè pǐn hóng dǐng hán lái
十一月菊花放异彩,十二月品红顶寒来。

rú guǒ jiāng zhè xiē zhí wù zhòng zhí zài yì qǐ　bú jiù xíng chéng le yí gè
如果将这些植物种植在一起,不就形成了一个

"报时钟"?

18世纪著名的植物学家林奈,制成了一个"报时钟"。人们只要看看哪种植物开花了,就大致知道时间了。例如蛇麻花约在凌晨3时开,鹅鸟莱约在12时开,万寿菊约在下午3时开等。林奈正是根据各种花卉的开花时间而设计"报时钟"的。

69

▲ 美丽的紫茉莉花。

"月历"吗？

各种植物都有自己的特定的开花时间，这是由于各种植物开花所需要的光照和气温等外部环境不同。满足自身开花所需的外部环境后，特定植物就会开花了。

植物向阳之谜

众所周知，阳光是植物生长过程中必不可少的要素。自然界中，很多植物争相向着太阳生长，以求获得更多的阳光照耀。

著名的生物进化学家达尔文最早对这一问题产生了兴趣，并开始研究。他惊奇地发现，植物从幼芽开始就有向阳的特性。如

guǒ yòu yá jiàn bu dào yáng
果幼芽见不到阳

guāng zhí wù zé bú huì
光，植物则不会

zài xiàng zhe yáng guāng
再向着阳光

shēng zhǎng
生长。

神话传说

海洋女神克吕提厄曾是太阳神赫利俄斯的情人，后来，赫利俄斯爱上了一位波斯公主。克吕提厄向波斯国王告发了此事，国王将女儿活埋。赫利俄斯知道后断绝了与克吕提厄的来往，克吕提厄每天望着太阳的方向日渐憔悴，最后化为一株向日葵。

dé guó zhí wù xué jiā sū dìng yán jiū fā xiàn zhí wù yòu miáo de dǐng yá
德国植物学家苏定研究发现，植物幼苗的顶芽

jué dìng le qí qū guāng yǔ fǒu tā zài nián wán chéng de yí xiàng shí yàn
决定了其趋光与否。他在1909年完成的一项实验

biǎo míng rú guǒ bǎ yòu miáo de dǐng yá qiē qù tā jiù bú xiàng guāng le rú
表明：如果把幼苗的顶芽切去，它就不向光了；如

guǒ bǎ dǐng yá jiē shàng tā jiù yòu bèn xiàng yáng guāng
果把顶芽接上，它就又"奔"向阳光。

yuán lái zhí wù tǐ nèi yǒu yì zhǒng míng jiào yǐn duǒ yǐ suān de zhí wù
原来植物体内有一种名叫吲哚乙酸的植物

得名原因

向日葵因其向阳生长而得名。

生长素，实验证明，这种化合物是怕见阳光的。所以，受到阳光照射时，它便躲向了没有阳光的一面，结果促使背光面的组织细胞生长加快，向阳部分则生长缓慢，在重力的作用下，植物便伸向了有阳光的一面。

73

▲ 如果能解决化瓜的问题，农作物的产量将显著提高。

奇怪的化瓜现象

ZOUJIN AOMI SHIJIE

guā lèi shū cài shì wǒ guó cháng jiàn de shū cài pǐn zhǒng　cháng jiàn de yǒu
瓜类蔬菜是我国常见的蔬菜品种，常见的有

huáng gua　dōng gua　xī hú lu　nán gua děng shí yú zhǒng　zài zhè xiē guā lèi
黄瓜、冬瓜、西葫芦、南瓜等十余种。在这些瓜类

shū cài de zhòng zhí guò chéng zhōng　cháng cháng huì chū xiàn yì xiē wèn tí　bǐ
蔬菜的种植过程中，常常会出现一些问题，比

rú　huà guā　xiàn xiàng　zhǎng shì liáng hǎo de yòu guā hái wèi děng zhǎng dà
如"化瓜"现象。长势良好的幼瓜还未等长大，

jiù biàn de wěi niān　cóng téng màn shang tuō luò le
就变得萎蔫，从藤蔓上脱落了。

研究表明，化瓜现象出现的原因有三点。首先，是由营养分配引起的。早春正是植物的生

▲ 是否还有别的原因能引起化瓜呢?

长期，茎叶的生长消耗了大量的营养，果实仅获得了很少量的养料，因此，由于营养不良，瓜类不能发育，出现化瓜现象。因此需要在特定的时段以适当的方式，抑制植株的营养生长，促进果实的

▼ 化瓜与正常成熟的瓜在味道上也不同。

xíng chéng hé fā yù dì èr qì xiàng yīn sù
形成和发育。第二，气象因素。

rú guǒ chū xiàn yì cháng de gāo wēn huò dī wēn
如果出现异常的高温或低温，

guǒ shí fā yù shòu dào yǐng xiǎng guò yú gān zào
果实发育受到影响，过于干燥

huò cháo shī de tiān qì shǐ shòu fěn bù néng zhèng
或潮湿的天气，使授粉不能正

cháng jìn xíng yě huì chū xiàn huà guā dì sān
常进行，也会出现化瓜。第三，

▲ 诱人的木瓜。

bìng chóng wēi hài hé jī xiè sǔn shāng děng chú cǐ zhī wài rú guǒ jiāng guǒ shí
病虫危害和机械损伤等。除此之外，如果将果实

xià bù yè piàn zhāi chú yě huì yǐng xiǎng guǒ shí de shēng zhǎng shèn zhì kě néng
下部叶片摘除也会影响果实的生长，甚至可能

dǎo zhì huà guā de chū xiàn
导致化瓜的出现。

▼ 人们目前掌握的技术措施已经能防止或减少化瓜的出现。

苦味的黄瓜

黄瓜是我们餐桌上常见的蔬菜之一。一般情况下，黄瓜清淡爽口，淡淡的黄瓜香味，让人回味无穷。可有时候，我们会发现黄瓜带有苦味，这是为什么呢？

原来这是由一种叫苦素的物质引起的。很多瓜类蔬菜中都含有这种苦素。但不同的蔬菜，不同的

▲ 美丽的黄瓜花。

▼ 黄瓜栽培历史悠久，种植范围广泛。

pǐn zhǒng hé bù tóng de zāi péi tiáo jiàn xià zhè
品 种 和 不 同 的 栽 培 条 件 下，这
zhǒng kǔ sù de hán liàng yě shì bù tóng de qí hán
种 苦 素 的 含 量 也 是 不 同 的。其 含
liàng jí shǎo shí shí yòng shí bìng bù jué de kǔ
量 极 少 时，食 用 时 并 不 觉 得 苦，
hán liàng duō le jiù huì gǎn dào yǒu kǔ wèi
含 量 多 了，就 会 感 到 有 苦 味。
kǔ wèi wù zhì shòu jī yīn kòng zhì shì kě
苦 味 物 质 受 基 因 控 制，是 可
yǐ yí chuán de mǒu xiē pǐn zhǒng róng yì chū xiàn
以 遗 传 的，某 些 品 种 容 易 出 现

苦味瓜，而有些品种就不容易形成苦味瓜。同时，苦素的形成也受环境条件的影响，如肥料不足、温度过低、水分不足、日照不足等都会导致植株体内生理代谢失调而产生这种物质，致使黄瓜出现苦味。栽培上设法使黄瓜的营养生长和生殖生长、地上部分和地下部分的生长平衡而持久进行，才是防止苦味瓜出现的根本措施。

外形

黄瓜外形细长，浑身"长"满了刺。

做法

黄瓜常做配菜或沙拉，也常被用来做凉菜，是世界性的蔬菜。

深受喜爱

黄瓜由于味道清新、水分充足成为人们喜爱的食品。

奇怪的番茄落花落果现象

落花落果是番茄在生长过程中的普遍现象，严重影响了番茄的产量。

研究表明，落花落果现象的发生主要是栽培管理和气候因素两方面原因造成的。土壤养分不足，墒情不佳，土温过低，光照不足，根系发育不良，整枝打杈不及时等都有可能导致番茄落花落果。

外界环境条件

对番茄落花落果有着很大的影响。如早春气温偏低，花粉管不伸长或伸长缓慢，番茄花会因难以正常授粉而凋落；白天温度过高，则花柱伸长明显高于花药筒，导致授粉不正常而落花；光照不足，光合作用减弱，碳水化合物供应不足，使花粉活力降低而造成落花；遇到干旱

番茄吃法

番茄可以生食、煮食，还可以加工制成番茄酱。

番茄历史

番茄是人类历史上较早出现的食物，也是全世界栽培最普遍的果菜之一。

quē shuǐ tiān qì huò gōng féi bù zú shí
缺水天气或供肥不足时，

jī sù fēn mì jiǎn shǎo　fān qié yì chū
激素分泌减少，番茄易出

xiàn luò huā luò guǒ xiàn xiàng
现落花落果现象。

wèi le jiǎn shǎo fān qié luò huā luò
为了减少番茄落花落

guǒ xiàn xiàng de fā shēng　rén men yì
果现象的发生，人们一

zhí zài bù duàn nǔ lì xún zhǎo wèn tí
直在不断努力寻找问题

de jiě jué bàn fǎ
的解决办法。

人参复活

人参是名贵的中药材，因其稀有珍贵，被人们赋予了许多象征意义，而且人参还有着许多美丽的传说。相传，有些人参在离开了土壤后依然能够发芽生长，人们将这一现象称为"人参复活"。

▲ 人参其实并不像人们想的那样都是人形。

rén shēn fù huó de shì jiàn shí yǒu fā shēng jǐn shàng gè shì jì
人参"复活"的事件时有发生，仅上个世纪80

nián dài jiù fā shēng le liǎng qǐ
年代就发生了两起：

xíng guǎng huá shì shǎn xī tóng chuān kuàng wù jú de yì míng gōng rén
邢广华是陕西铜川矿务局的一名工人，

nián yuè de yì tiān zài tā gāo xìng de kāi huái chàng yǐn shí ǒu rán jiān
1985年9月的一天，在他高兴地开怀畅饮时，偶然间

fā xiàn hē shèng de yì píng jí lín pái rén shēn jiǔ zhōng de liǎng zhū rén
发现，喝剩的一瓶"吉林牌"人参酒中的两株人

shēn zhǎng chū le xīn yá tā zài cì dǎ le xiē jiǔ fàng zài qí zhōng dào dì
参长出了新芽。他再次打了些酒放在其中，到第

èr nián rén shēn xīn yá yǐ zhǎng dào sān sì
二年，人参新芽已长到三四
lí mǐ cháng ér qiě gēn xū cóng shēng
厘米长，而且根须丛生。
nián yuè shān dōng wén dēng
1987年5月，山东文登
xiàn nóng mín yú ào guó fā xiàn jiā zhōng
县农民于奥国发现，家中

▲ 人参自古便被人们用作珍贵的药材。

yì zhū yòng jiǔ pāo guo de rén shēn yě fā yá zhǎng yè le
一株用酒泡过的人参也发芽长叶了。
bìng fēi suǒ yǒu lù shang shēng wù dōu néng gòu shì yìng shuǐ shēng huán jìng
并非所有陆上生物都能够适应水生环境。
guān yú wèi hé jìn pāo zài jiǔ zhōng de rén shēn hái néng èr cì fā yá de wèn
关于为何浸泡在酒中的人参还能二次发芽的问
tí wǒ men xiàn zài hái wú fǎ jiě dá hái xū yào jìn yí bù tàn suǒ
题，我们现在还无法解答，还需要进一步探索。

人参别称

古时人们又将人参称为黄精、地精、神草。

"百草之王"

人参因为有着极高的药用价值而被人们称为"百草之王"。

糠心的萝卜

ZOUJIN AOMI SHIJIE

萝卜营养丰富，产量高，成本低，是冬春季节的主要蔬菜之一。但萝卜的"糠心"现象一直在困扰着人们。所谓糠心，是指由于肉质根在生长后期迅速膨大，影响了一部分木质部薄壁细胞的营养吸收，逐渐形成气泡群，导致木质部中心出现空洞的现象。

别称

据史料记载，从西方传入中国的第一批萝卜叫"莱菔"，也有人称其为"土人参"。

引起萝卜糠心的原因有很多种。第一，某些萝卜品种的特性使其容易糠心。第二，播种期不当或者播种期间天气过于湿润或干旱，也会引起糠心。第三，如果贮藏的场所高温干燥，萝卜会因失去大量水分而糠心。第四，处于抽苔期间的萝卜，也会出现糠心现象。

古老的蔬菜

萝卜是我国最古老的蔬菜之一，曾有史书记载，唐代饥荒时，人们就用萝卜充饥。

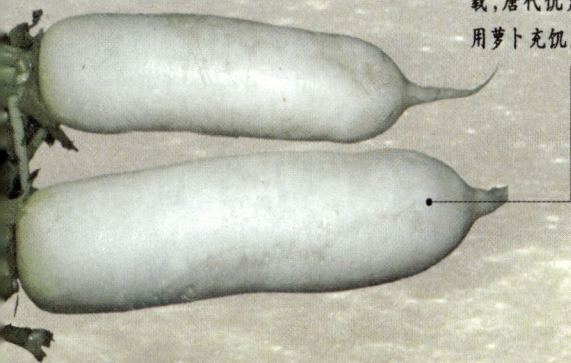

萝卜的营养

萝卜含有可以增强人体免疫力并可预防癌症的多种微量元素，还含有有助于肠胃消化的维生素B和钾、镁等矿物质。

药用价值

古时曾有"萝卜上市，郎中下市"的说法，虽有些夸张，但也形象地说明了萝卜不仅营养丰富，还有着很高的药用价值。

洋葱鳞茎的奥秘

ZOUJIN AOMI SHIJIE

当你一片片拨开洋葱的"外衣",泪流满面的同时,你有没有想过,为什么洋葱会穿上这一层层的"外衣"呢?

洋葱耐寒、喜湿、适应能力强;高产、耐贮、供应期长。洋葱的食用器官就是它的层层"外衣",

洋葱别名

洋葱又名球葱、圆葱、玉葱、葱头,荷兰葱。

原产地

关于洋葱原产地说法很多,多数人认为其原产地是亚洲中南部。

洋葱历史

洋葱已有五千多年的历史,在20世纪初传入中国。

生物学上称其为鳞茎。

洋葱原产于大陆性气候区，当地空气干燥，土壤湿度变化明显，洋葱由于长期适应这一特殊环境而长成了现在的样子——短缩的茎盘、喜湿的根系、耐旱的叶型，具有贮藏功能的鳞茎。

洋葱鳞茎的作用是保护幼芽，在植株进入休眠前积累养分。鳞茎的发育与叶片数目、叶鞘的厚薄和幼芽的发育都有关。叶片生长良好，营养

洋葱营养成分

洋葱的营养丰富，据测定，每100克鲜洋葱头含水分88克左右，蛋白质1~1.8克，脂肪0.3~0.5克，碳水化合物5~8克，粗纤维0.5克，热量130千焦，钙12毫克，磷46毫克，铁0.6毫克，维生素C14毫克，此外还含有咖啡酸、柠檬酸盐和多种氨基酸等等。

中国洋葱

我国现已成为洋葱生产量较大的四个国家（中国、印度、美国、日本）之一。

种植区域

我国种植洋葱的主要区域为山东、甘肃、内蒙古、新疆等地。

切洋葱为何流泪

　　切洋葱时，被破坏的洋葱会释放出一种名为蒜胺酸酶的蒜酶，它会刺激人眼部角膜的神经末梢使得泪腺分泌泪液，将刺激性物质冲走。

shēng zhǎng wàng shèng　yáng cōng lín jīng jiù féi dà　fǎn zhī　lín jīng jiù shòu
生长旺盛，洋葱鳞茎就肥大；反之，鳞茎就瘦
xiǎo　ruò zhí zhū xiān qī chōu tái　yíng yǎng jiù yùn xiàng huā yá　lín jīng zé wú
小。若植株先期抽苔，营养就运向花芽，鳞茎则无
fǎ xíng chéng
法形成。

yǐ shàng zhǐ shì wǒ men mù qián cū qiǎn
以上只是我们目前粗浅
de rèn shi　zài wǒ men pǐn cháng zhe yáng cōng
的认识，在我们品尝着洋葱
xīn là de wèi dào de tóng shí　wǒ men duì
辛辣的味道的同时，我们对
yáng cōng de yán jiū réng rán zài jì xù
洋葱的研究仍然在继续……

独瓣蒜 的产生

　　大蒜除含有营养物质外，还含有一种叫作大蒜素的物质，这种物质有杀死细菌和增进食欲的功效，食用后对人体很有益处。我们常见的大蒜，每个蒜头中都有几瓣甚至十几瓣蒜瓣。但也有特殊的情况，一个蒜头里只含有一个蒜瓣。

通常，大蒜的播种期在秋天，到冬天已经长成小小的蒜苗，春天气温升高，蒜苗生长加速，土壤下面就产生多个幼芽，幼芽围绕在蒜苔周围。蒜苔抽出来后，幼芽贮藏养分增多，迅速膨大，形成一个一个的蒜瓣，许多蒜瓣并在一起成为蒜头。

备受欢迎

大蒜是餐桌菜肴中一种最常见的食物，既可以生吃，也可以调味。

中医药用

中医认为大蒜味辛辣，性温，暖脾胃，消症积，解毒。

yīn wèi gāo wēn hé cháng rì zhào bú lì yú suàn tái hé suàn bàn yòu yá
因为高温和长日照不利于蒜苔和蒜瓣幼芽
fā yù suǒ yǐ rú guǒ zài chūn jì bǐ jiào nuǎn huo de shí hou zāi zhòng dà suàn
发育，所以如果在春季比较暖和的时候栽种大蒜，
dà suàn de xǔ duō yòu yá jiù huì tuì huà zhǐ shèng xià yí gè dān dú de suàn
大蒜的许多幼芽就会退化，只剩下一个单独的蒜
bàn xíng chéng dú bàn suàn
瓣，形成独瓣蒜。

lìng wài dà suàn zhǎng chū yì gēn huā xù yǒu shí huā xù bù kāi huā què
另外，大蒜长出一根花序，有时花序不开花，却
chǎn shēng xǔ duō xiǎo xiǎo de qì shēng lín jīng zhè yě huì zhǎng chéng dà suàn ér
产生许多小小的气生鳞茎，这也会长成大蒜，而
qiě zhǎng chu lai de wǎng
且长出来的往
wǎng shì dú bàn suàn
往是独瓣蒜。

保健作用

现代医学研究证实，大蒜集一百多种药用和保健成分于一身，含有多种营养物质，并且大蒜可以瞬间杀死伤寒杆菌、痢疾杆菌、流感病毒等。此外，大蒜还能促进新陈代谢，降低血压和血糖，促进皮肤血液循环，软化皮肤并增强其弹性。

畸形 黄瓜之谜

·ZOUJIN AOMI SHIJIE

huáng gua zài fā yù qī jiān　xū yào chōng zú de
黄瓜在发育期间，需要充足的

shuǐ fèn hé yǎng fèn　ruò quē féi shǎo shuǐ　zé guǒ shí
水分和养分，若缺肥少水，则果实

shēng zhǎng huǎn màn　chū xiàn jī xíng　cháng jiàn de jī
生长缓慢，出现畸形。常见的畸

xíng yǒu　jiān zuǐ　dà dù　fēng yāo hé jiāng guǒ děng　jī
形有：尖嘴、大肚、蜂腰和僵果等。畸

xíng huáng gua duō zài zǎo chūn huò hòu qī zhí zhū shuāi lǎo qī chū xiàn　chǎn shēng
形黄瓜多在早春或后期植株衰老期出现。产生

jī xíng huáng gua de yuán yīn yǒu hěn duō　zhǔ yào yǒu yǐ xià jī diǎn
畸形黄瓜的原因有很多。主要有以下几点。

▼ 因为黄瓜汁多清凉，夏天时人们很喜欢吃。

第一，光照不足、昼温高、
昼夜温差太小以及植株长势
弱，都可能产生畸形黄瓜。第
二，在授粉不良或受精不完全
时，发育为种子的胚珠卵细胞对
养分吸收加强，靠近没受精的
胚珠那部分就瘦小，营养分配不
均而产生畸形。第三，幼苗期
施肥或浇水不当，供给果实发育
的营养不足，也会造成果实畸
形。第四，在高温干燥或肥料不

足的情况下，也会产生畸形黄瓜。

如果畸形黄瓜的比例过高，必然

影响生产效益。目前生产上采用

的防止和减少畸形黄瓜的方法是，根

据植株和果实的生长发育情况，结

合天气变化，均匀追肥和浇水，加强

防病并及时地将畸形黄瓜摘除。

仙人掌 类植物多肉多刺的奥秘

仙人掌"家族"庞大，有两千多种不同的品种。但无一例外，仙人掌都长着刺状的叶片，而茎内则多浆、多肉。仙人掌类植物原产自南美和墨西哥，主要的生长环境是干旱的沙漠。为了适

应这种生存环境，多肉多刺的形状可以有效地贮藏水分并减缓蒸腾作用。

植物生长需要大量水分，而叶子是水分蒸腾的主要部位。在干旱环境里，水分来之不易，所以仙人掌干脆堵住水分的去路，让叶子退化成针状或刺状，从根本上减少水分开支。另外。有的仙人掌的刺变

仙人掌的花多鲜艳美丽。

很多人已将仙人掌作为装饰植物放到室内栽培。

成白色茸毛，可以反射强烈的阳光，降低体表温度，从而减少水分蒸腾。

仙人掌类植物在最大限度地减少水分蒸腾的同时，也在大量贮水。沙漠地带水少，保存水分就变得十分必要。仙人掌的茎干变成肉厚多浆，根部也深入沙漠里，能够贮存大量水分。

药用价值？

仙人掌可以清热解毒，舒筋活络，散瘀消肿，解肠毒，凉血止痛，润肠止血，健胃，镇咳。口服可治疗胃、十二指肠溃疡，痔疮、急性痢疾、咳嗽，外用可治疗流行性腮腺炎、乳腺炎、蛇咬伤和烧烫伤。仙人掌除刺外，全株都可入药。

神奇的水田香稻

ZOUJIN AOMI SHIJIE

在我国海拔一千二百多米的四川省石柱土家族自治县悦来乡寺院村土家寨,有五块令人惊奇的水田,它能使水稻变成香稻,就好像这块土地有"特异功能"一样。普通的水田里,无论撒下什么水稻种子,都能长出精贵的"香稻"。

水稻

水稻属须根系,不定根发达,杆直立,高30~100厘米。水稻自花授粉,是一年生栽培谷物。

袁隆平

我国科学家袁隆平对杂交水稻的研究作出了巨大贡献。

原产地

水稻原产于亚洲热带,在中国广泛为栽种后,逐渐传播到世界各地。

这五块水田位于寺院村数百亩梯田之中，面积大约有两亩地。表面上看，这五块水田并没有什么与众不同之处。但让人不解的是，生长在这五块水田里的水稻，总能长成香稻，而即使周围数十亩水田，同耕、同种、同管理也不能长出香稻。

这五块水田就好像会变魔术一样，无论在其中种植什么品种的水稻，都会变成香稻。好奇的人们曾经做过试验，变换过

稻米与节日

中国人民自古就以农耕为生，不少民族以稻米为日常主食，很久前就有举行庆祝稻米收成的庆典。如高山族喜欢将稻米煮成饭，或把糯米蒸成糕和米粑庆祝各种节日或欢迎来宾。汉族人在农历新年时吃元宵、年糕，在端午节时吃粽子。

大米

稻米去壳后称大米或米，世界上近一半的人口都以大米为食。

食用方法

大米的食用方法很多：米饭、米粥、米饼、米糕、米线等等。

shuǐ dào zhǒng zi　　dàn shì　　wú lùn nǐ zěn yàng biàn
水 稻 种 子，但 是，无 论 你 怎 样 变

huàn　　zhè wǔ kuài shuǐ tián dōu néng chǎn chū xiāng dào
换，这 五 块 水 田 都 能 产 出 香 稻。

jí biàn yù shàng yán zhòng hàn zāi huò zhě qí tā de zì
即 便 遇 上 严 重 旱 灾 或 者 其 他 的 自

rán zāi hài　　yě bú shòu yǐng xiǎng　　zhào yàng shōu huò
然 灾 害，也 不 受 影 响，照 样 收 获，

ér qiě xiāng wèi sī háo bù jiǎn　　mǐ de yán sè hé zhì liàng yě bú huì biàn huà
而 且 香 味 丝 毫 不 减，米 的 颜 色 和 质 量 也 不 会 变 化。

guān yú zhè wǔ kuài shuǐ tián chǎn xiāng dào de yuán yīn　　suī rán rén men tí
关 于 这 五 块 水 田 产 香 稻 的 原 因，虽 然 人 们 提

chū le zhǒng zhǒng cāi xiǎng　　dàn shì mí dǐ zhì jīn wú rén zhī xiǎo
出 了 种 种 猜 想，但 是 谜 底 至 今 无 人 知 晓。

棉花开花 颜色的奥秘

棉花的开花过程十分有趣。初放的棉花花是乳白色，很快，渐变成浅黄色，数小时后，又变成了粉红色。第二天，棉花花则神奇地变成了紫红色。

原来，棉花的花瓣中含有花青素，这种物质本来没有颜色，但在酸性或碱性环境下则分别呈现出红色或蓝色。

含苞初放时，棉花花瓣中含有的主要是无色花青素，所以看上去是乳白色。接下来花青素不断增加，随着植物的呼吸作用，花瓣中的酸性亦不断增加，花瓣开始呈现红颜色。

棉花喜热、好光、耐旱、忌渍。

棉花花中的花青素为什么会逐渐增多呢？人们普遍认为这与太阳光照有关，在晴天，阳光充足，花的颜色就变得快；可在阴雨天，颜色就变得慢。人们试验，用有颜色的纸盖住棉花花的某一部分，使它不受阳光的照射，几小时后，被盖住的部分颜色就浅。如果有意把花苞叶剥去，使花的基部也能晒到阳光，结果花的基部同样会变成红色。

棉花的优点

棉花天然柔和，没有任何添加物，气味清新自然，皮肤接触无刺激，是绝对温暖、健康、环保的绿色产品。

世界主要棉花产区

世界主要棉花产区有中国、美国、印度、乌兹别克斯坦、埃及等，其中中国的单产量最大，每年生产大量的棉花。

年轮奥秘

●●●● ZOUJIN AOMI SHIJIE

▲ 年轮伴随树木生长的整个过程。

和人类一样，树木也有年龄，一圈圈年轮记载着树木经历的一个个春夏。锯开一棵大树，我们可以看到一圈圈粗细不等的年轮，它们记载了树的"年龄"。

树木茎干韧皮部的内侧有一层活跃的可以分裂

的"形成层"，可以使树干增粗。到了春夏两季，天气温暖，雨水充足，形成层细胞的活动旺盛，分裂较快，形成了质地疏松，颜色较浅的"早材"。夏末至秋季，气温降低，水分减少，形成的木材质地致密，颜色变深，成为"晚材"。在前一年晚材与第二年早材之间，界限分明，形成了年轮。

▲ 年轮会随着外部环境的变化而产生细微变化。

▲ 含羞草的花为粉红色。

▲ 含羞草的叶子为羽毛状复叶互生，呈掌状排列。

能预报天气的植物

· ● ● ● · **ZOUJIN AOMI SHIJIE** ——————

cǎo mù kě yǐ zhī dao tiān qì de biàn huà   jìn ér xiàng rén men fā chū yù bào
草木可以知道天气的变化，进而向人们发出预报。

zǐ mò lì tōng cháng shì dì yī tiān bàng wǎn kāi huā   dì èr tiān qīng chén
紫茉莉通常是第一天傍晚开花，第二天清晨

diāo wěi   rén men gēn jù zǐ mò lì diāo wěi de shí jiān
凋萎。人们根据紫茉莉凋萎的时间

kě duì dàng tiān de tiān qì zuò chū pàn duàn   ruò zǐ
可对当天的天气做出判断：若紫

结合实际回到房▶
间爱的上海。

mò lì diāo wěi de shí jiān hěn zǎo   yù shì zhe dàng tiān
茉莉凋萎的时间很早，预示着当天

tiān qì qíng lǎng   ruò zǐ mò lì diāo wěi de shí jiān jiào
天气晴朗；若紫茉莉凋萎的时间较

wǎn   zé yù zhào zhe dàng tiān wéi yīn yǔ tiān qì
晚，则预兆着当天为阴雨天气。

含羞草

含羞草很漂亮，并且容易成活，很多人在室内栽种。

含羞草也是一种奇妙的多年生草本植物。含羞草"害羞"的程度不同，预示的天气也不一样：如果被触碰的含羞草叶子很快合拢、下垂，之后还需要经过相当长的时间才能恢复原态，就说明当天会艳阳高照，晴空万里；反之，则预示着阴雨天气。

柳树与阴雨

夏季时，如果发现柳叶变白，即带有一层"白霜"的叶子反面全部反转过来，就预兆着阴雨天气马上来临。

南瓜藤的预报

南瓜藤的顶端通常都是向下生长的，但若在夏天的早晨，发现南瓜藤的顶端普遍朝上，则预示着天气将由晴转雨。

109

榕树 独木成林的奥秘

在云南西双版纳的热带植物园里，有一棵大榕树。说是一棵，但如果从远处看，绝不会有人相信一棵树能有这么大的树冠。据测算，这棵榕树树冠的遮阳面积约有2 000平方米，可同时容纳几百人在树下乘凉。

天然凉亭
田间、路旁的大小榕树都成了一座座天然的凉亭，供农民和过路人休息、乘凉和躲避风雨。

榕树生长地点
榕树多生长在高温多雨的气候潮湿，雨水充足的热带雨林地区。

榕树是热带和亚热带地区的常见树种，由于生长环境高温多雨，所以榕树终年常绿。更重要的是榕树有着与众不同的生长习性，随着树龄的增加，榕树的树干上会长出许多气生根，这些气生根会一直向下生长，直到扎进土壤里，形成新的树干，与此同时，树冠也会不断增大。时间一长，一棵榕树就变成了一片榕树林。

独木成林

在孟加拉国的热带雨林中，生长着一株大榕树，郁郁葱葱，蔚然成林。从它树枝上向下生长的垂挂气根多达四千余条，落地入土后成为"支柱根"，巨大的树冠投影面积达一万平方米之多，形成了遮天蔽日、独木成林的奇观。它曾容纳过一支几千人的军队在树下纳凉。

▲ 箭毒木被称为"毒木之王"。

见血封喉的箭毒木

·ZOUJIN AOMI SHIJIE

箭毒木树皮衣

箭毒木树皮衣在过去云南西双版纳地区的哈尼族和傣族中较为常见,现在已无人穿着。

zài màn cháng de jìn huà guò chéng zhōng　dà zì rán
在漫长的进化过程中,大自然

fù yǔ le zhí wù gè zhǒng gè yàng de fáng shēn běn lǐng　zhè
赋予了植物各种各样的防身本领,这

xiē běn lǐng cháng jiào rén dà kāi yǎn jiè　ér zuì xī yǐn rén yǎn
些本领常叫人大开眼界,而最吸引人眼

qiú de kǒng pà jiù shì jiàn dú mù jiàn xiě fēng hóu de běn lǐng
球的恐怕就是箭毒木见血封喉的本领。

jiàn dú mù wéi sāng kē cháng lǜ dà qiáo mù　yòu míng
箭毒木为桑科常绿大乔木,又名

jiā dú shù　jiā bù　jiǎn dāo shù děng　jiàn dú mù de shù
加独树、加布、剪刀树等。箭毒木的树

gàn jī bù cū dà jù yǒu bǎn gēn shù pí wéi huī
干基部粗大，具有板根，树皮为灰
sè zài chūn jì kāi huā xiàn wéi bīn lín miè jué
色，在春季开花。现为濒临灭绝
de xī yǒu shù zhǒng duō fēn bù yú chì dào rè dài
的稀有树种，多分布于赤道热带
dì qū
地区。

▲ 箭毒木是自然界中毒性最大的乔木。

jiàn dú mù fēn mì de zhī yè yǒu jù dú yí
箭毒木分泌的汁液有剧毒，一
dàn wù rù rén yǎn jiù huì zào chéng shī míng ruò shì yóu shāng kǒu jìn rù rén tǐ
旦误入人眼，就会造成失明；若是由伤口进入人体
nèi jiù huì yǐn qǐ zhòng dú shǐ xīn zàng má bì xuè yè níng jié zhòng dú zhě
内，就会引起中毒，使心脏麻痹，血液凝结，中毒者
huì zài fēn zhōng nèi sǐ wáng rén men yīn cǐ xíng xiàng de chēng zhè
会在20～30分钟内死亡。人们因此形象地称这
zhǒng shù wéi jiàn xiě fēng hóu shù
种树为"见血封喉"树。

大树下雨之谜

ZOUJIN AOMI SHIJIE

在我国四川省眉山市的仁寿县虞丞乡的南宋丞相墓地上，有一棵会"下雨"的大树，当地人把它称为棉丝树，学名为滇朴，在我国南方是一种比较常见的树种。

原来，在虞丞相墓的大树上生活着朴巢沫蝉，它们靠吸食树的汁液生存，吃饱了以后，它们就会

下雨的树

从树上流下的粒粒雨滴，是不是树的话语？

把身体内不需要的糖分和水分排泄出来，成了我们看到的"雨"。

但是为什么这些朴巢沫蝉偏偏选择虞丞相墓上的树作为自己的"粮仓"呢？这么多的朴巢沫蝉选择同一棵树是否有什么不为人知的秘密呢？这个谜题的答案仍等着人们来揭晓。

怪树下雨

在浙江宁海天明温泉景区内，也有两棵会下雨的奇树。

气候猜测

气象专家曾对大树下雨做出猜测，认为是局部小气候造成的。

热带"雨树"？

在南美洲等一些热带地区，有一种"雨树"。"雨树"树叶长约四十厘米，呈碗状，晚上叶面会卷起来，将当天落在叶面上被聚集起来的液体包裹其中，第二天气温高时叶面会慢慢舒展开，叶子中聚满的液体就会溢出叶面，形成一种所谓的"下雨"现象。

树的雨滴

树上落下的雨滴和平时所见的雨滴不同，人们不知道它其中含有哪些成分。

代人洗衣 的植物之谜

▲"普当树"能给自己洗澡吗？

dì zhōng hǎi nán àn de ā ěr jí lì yà dì
地 中 海 南 岸 的 阿 尔 及 利 亚 地

qū shēng zhǎng zhe yì zhǒng shí fēn qí tè de shù　zhè
区 生 长 着 一 种 十 分 奇 特 的 树，这

zhǒng shù shù gàn tǐng zhí　shù pí chéng hóng sè　zhī
种 树 树 干 挺 直，树 皮 呈 红 色，枝

cū yè kuò　dāng dì de jū mín bǎ zhè zhǒng shù chēng
粗 叶 阔。当 地 的 居 民 把 这 种 树 称

wéi　pǔ dāng shù　yì si shì　néng chú qù wū huì de shù　dāng dì jū mín
为"普 当 树"，意 思 是"能 除 去 污 秽 的 树"。当 地 居 民

fā xiàn zhǐ yào bǎ zāng yī fu kǔn zài shù shēn shang　guò jǐ xiǎo shí hòu　bǎ yī
发 现 只 要 把 脏 衣 服 捆 在 树 身 上，过 几 小 时 后，把 衣

服取下来放在清水中稍微漂洗
一下，衣服就很干净了。

在我国其实也有一种可以洗

衣服的树。这种树名为皂荚树。皂

▲ 长有皂荚果的皂荚树。

荚树是一种豆科多年生草本植物，它的果实就是

皂荚。在我国农村的一些地方，人们常常把成熟

的皂荚采摘并收集起来，把它

们捣碎以后，再用来洗衣服。

▲ 芒松生长很慢，叶子十分密集。

最年长的植物之谜

ZOUJIN AOMI SHIJIE

　　yǒu jù kě kǎo de zuì gǔ lǎo de shù shì yì kē bèi mìng míng wéi
有据可考的最古老的树是一棵被命名为

　　de máng sōng tā shēng zhǎng yú měi guó nèi huá dá zhōu dōng bù
WPN-114的芒松，它生长于美国内华达州东部

　　de wéi lè ěr shān dōng běi bù jù zhí wù xué jiā men kǎo zhèng gāi shù de nián
的维乐尔山东北部。据植物学家们考证，该树的年

　　líng wèi suì dàn hòu lái bèi rén kǎn fá diào le
龄为5 100岁，但后来被人砍伐掉了。

　　nián yǒu rén zài fēi zhōu é ěr tā dǎo fā xiàn le yì kē bèi fēng
1868年，有人在非洲俄尔他岛发现了一棵被风

　　bào zhé duàn le zhǔ gàn de lóng xiě shù zhè kē shù gāo mǐ zhǔ gàn zhí jìng jìn
暴折断了主干的龙血树，这棵树高18米，主干直径近

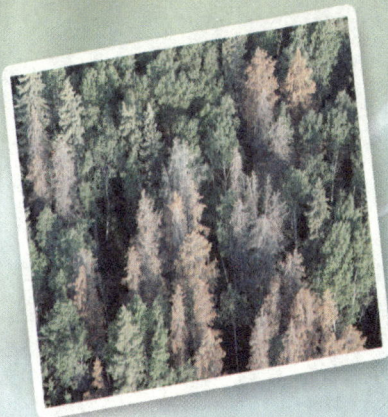

▲ 树龄达 3 000 年以上的
芒松多生长在加州。

5米。人们根据年轮推断，这棵大树的年龄至少有 8 000 岁，是植物界里少有的超级"老寿星"，可惜它毁于那一年的风灾。

虽然最年长的植物至今还没有定论，但我们不得不佩服植物界中这些长寿植物的顽强生命力。

树木 刀枪不入之谜

ZOUJIN AOMI SHIJIE

在人们的印象中，植物是十分脆弱的，但是有两种植物却以它们的外皮坚硬而闻名。

铁桦树为桦木科桦属植物，它是一种珍贵的落叶乔木。据科学家们测定，铁桦树的木质十分坚硬，比橡树要硬三倍，甚至比普通的钢

hái yào yìng yí bèi, kě yǐ shuō shì shì jiè shang
还要硬一倍,可以说是世界上
zuì yìng de mù cái, yīn cǐ rén men cháng cháng
最硬的木材,因此人们常常
huì bǎ tā yòng zuò jīn shǔ de tì dài pǐn
会把它用作金属的替代品。

▲ 铁桦树到底有多硬呢?

zài zhí wù wáng guó li, chú le tiě huà shù zhī wài hái yǒu yì zhǒng dāo fǔ
在植物王国里,除了铁桦树之外还有一种刀斧
nán rù de shù zhǒng。yóu yú zhè zhǒng shù de cái zhì jiān yìng, jì nán jù, yòu
难入的树种。由于这种树的材质坚硬,既难锯,又
nán páo, yòng fǔ tou pī tā jìng rán huì bèng shè chū huǒ xīng。suǒ yǐ, rén men bǎ
难刨,用斧头劈它竟然会迸射出火星。所以,人们把
tā chēng wéi tiě dāo mù
它称为铁刀木。

轻木 "轻如鸿毛" 之谜

qīng mù shì shì jiè shang zuì qīng de mù cái yí gè zhèng cháng de

轻木是世界上最轻的木材，一个正常的

chéng nián rén kě yǐ tái qǐ yuē děng yú zì shēn tǐ jī bā bèi de qīng mù shèn

成年人可以抬起约等于自身体积八倍的轻木甚

zhì gèng duō

至更多。

qīng mù yòu chēng bǎi sè mù huò bā sà ěr mù shì shǔ mù mián kē

轻木又称百色木，或巴萨尔木，是属木棉科、

轻木花
轻木的花很大，颜色为黄白色，生长在树冠上层。

叶子
轻木的叶子呈心脏形，交互生长在枝条上。

果实
轻木结圆形的蒴果，里面有绵状的蒴毛，有五个果瓣。

种子
轻木的种子为倒卵形，颜色为淡红色或咖啡色。

轻木属的一种常绿乔木。这是一种中等高度的乔木，原产地在美洲的热带地区，现多分布于西印度群岛、墨西哥、秘鲁等热带国家。

轻木还有另一个特性，它是世界上最速生的树种之一，一年就可长到五六米高，直径5～13厘米。由于它体内的细胞组织更新很快，植株的各部分都异常轻软而富有弹性。一般一株10～12年生的轻木高度可达16～18米，直径为50～60厘米。

用途

轻木的用途十分广泛。由于轻木的浮力很好，因此适于制造救生衣和救生圈。它良好的弹性是包装家具和制造机器坐垫的优良防震材料。轻木还具有较好的绝缘性，是保温箱或冰箱最好的隔热材料。除此之外，轻木还可用来制作飞机与船舰的模型。

木材

轻木木材的边材为浅黄白色，心材为绿或浅绿色。

外表

轻木木材的外表与白松或椴木相似。

轻木木质细白，虫不吃，蚁不蛀，而且生长迅速，树干又高又直，分枝少，叶片大而圆。因此在热带雨林里，它宛若穿着紧身短衣筒裙、系银腰带、撑着绿纸伞的傣族少女，窈窕美丽，亭亭玉立。

叶片

轻木生有大大的叶片。

植物 引起雷电之谜

随着科学研究的深入，科学家发现植物的分布影响着雷电的产生。

美国华盛顿大学的文特教授和苏联基辅大学的格罗津斯基教授在研究雷电现象时发现：从空间上看，植物丰富的热带雨林的雷电活动很多，而植物稀少的两极、

dòng tǔ dì dài hé shā mò de léi diàn huó dòng què bǐ jiào shǎo　cóng shí jiān shang
冻土地带和沙漠的雷电活动却比较少；从时间上

kàn　zhí wù jiào duō de chūn xià　léi diàn jiào duō　zhí wù jiào shǎo de dōng jì
看，植物较多的春夏，雷电较多，植物较少的冬季，

léi diàn xī shǎo　suǒ yǐ　tā men rèn wéi　léi diàn xiàn xiàng shì yóu zhí wù yǐn
雷电稀少。所以，他们认为，雷电现象是由植物引

qǐ de
起的。

duì cǐ　yǒu hěn duō rén tí chū zhì yí　suī rán wén tè hé gé luó jīn sī
对此，有很多人提出质疑。虽然文特和格罗津斯

沙漠植物

为了适应干旱的沙漠条件，沙漠植物多呈多汁肉质。

原理

　　植物正是利用正负电荷相吸的原理来进行繁殖的。

jī jiào shòu de lǐ lùn jiào hǎo de jiě shì le léi diàn zài kōng jiān hé shí jiān shang
基教授的理论较好地解释了雷电在空间和时间上
de fēn bù guī lǜ dàn zhè ge lǐ lùn zài yǒu guān léi diàn xíng chéng de xì jié
的分布规律，但这个理论在有关雷电形成的细节
wèn tí shang réng rán bù néng zì yuán qí shuō
问题上仍然不能自圆其说。

guān yú léi diàn xíng chéng de yuán yīn yǔ zhí wù de fēn bù shì fǒu yǒu zhí
**　　关于雷电形成的原因与植物的分布是否有直**
jiē guān xi xiàn zài hái wú fǎ què dìng bú guò kē xué jiā men jīng guò bú
接关系，现在还无法确定。不过，科学家们经过不
duàn tàn suǒ zhōng yǒu yì tiān huì zhǎo dào dá àn
断探索，终有一天会找到答案。

雷电现象

　　雷电是一种常见的自然现象。雷电一般发生在积雨云中，因此发生时常伴有强烈的阵风和暴雨，有时还会有冰雹和龙卷风，因此雷电现象既壮观又令人生畏。雷电的危害也是很大的，因此在日常生活中，我们要多了解雷电知识，掌握预防雷电的方法。

图书在版编目（ＣＩＰ）数据

令孩子着迷的植物奥秘传奇 / 雨田主编 . — 沈阳：
辽宁美术出版社 , 2018.7
（走进奥秘世界）
ISBN 978-7-5314-8098-3

Ⅰ . ①令… Ⅱ . ①雨… Ⅲ . ①植物—青少年读物
Ⅳ . ① Q94-49

中国版本图书馆 CIP 数据核字 (2018) 第 151508 号

出 版 社：辽宁美术出版社
地　　址：沈阳市和平区民族北街 29 号　邮编：110001
发 行 者：辽宁美术出版社
印 刷 者：北京一鑫印务有限责任公司
开　　本：650mm×950mm　1/16
印　　张：8
字　　数：79 千字
出版时间：2018 年 7 月第 1 版
印刷时间：2018 年 7 月第 1 次印刷
责任编辑：童迎强
装帧设计：新华智品
责任校对：郝　刚
ISBN 978-7-5314-8098-3

定　　价：29.80 元

邮购部电话：024-83833008
E-mail：lnmscbs@163.com
http：//www.lnmscbs.com
图书如有印装质量问题请与出版部联系调换
出版部电话：024-23835227